享瘦甜食！
砂糖OFFの豆渣馬芬蛋糕

爽口輕甜・手感烘焙

粟辻早重 ◎著

營養監修 大柳珠美

萬能の豆渣！也能烘焙出美味可口的馬芬。

這個靈感來自於朋友烘烤的豆渣麵包。

朋友說她平常飲食就會控制血糖，所以將豆渣麵包作為主食，而吃出健康又苗條的關鍵，就在於採用低醣飲食法，這讓我感到相當有興趣。我的工作室有將近十位職員，我每天都會煮飯給她們吃，由於大多是二十至三十多歲的年輕女孩，所以不僅要注意她們的飲食管理，也要將熱量列入重要的考量因素。針對那些喜歡甜食的女孩，特別以豆渣來製作點心，這就是豆渣馬芬的起源。

嘗試以豆渣烘焙點心後，讓我不禁迷上它的魅力，豆渣不僅營養價值高，且兼具瘦身減肥效果，其價值遠遠超越了麵粉。以往豆渣僅用於料理烹調，沒想到居然也能用來烘焙點心。豆渣點心質樸溫暖的口感更是麵粉所無法呈現的。

馬芬蛋糕圓滾滾的可愛造型深受職員及家人的好評。
出爐時，就連對豆渣沒有概念的孫子們，
更是在一旁吃得不亦樂乎呢！
朋友們會驚訝地問：「咦？這是豆渣作的？」、
「好吃得不像是豆渣作的呢！」。
而且，對於需要控制醣類攝取量的人們來說，豆渣馬芬
不僅是最合適的一款甜點，亦可取代早餐吃的麵包，廣
受大家的喜愛。手作豆渣馬芬的魅力無限，不妨運用繪
畫般的創意點子，就像烤鬆餅那樣輕鬆地完成吧！

　　　　　　　　粟辻早重

何謂低醣？

低醣瘦身法

究竟什麼是醣類？是砂糖？還是甜食所含的成分？沒錯，這些都算是醣類。其實，白飯、烏龍麵與義大利麵等麵食類都富含醣類，薯芋類及蔬菜也含有醣類。

正確來說，除去碳水化合物中的食物纖維後，所剩餘的成分就是醣類。

而所謂低醣，指的就是控制這類多醣食物的攝取。

「平時就愛吃白飯、義大利麵與點心，要控制這些食物的攝取量簡直是天方夜譚……」

在放棄之前，先瞭解一下什麼叫醣類控制吧！

人體內主要有兩個能量系統，簡單來說，一個源自於醣類，另一個源自於脂肪。攝取醣類後，血糖升高，由於人體會先消耗血糖，體脂肪的燃燒就會停止。換句話說，若不攝取醣類，體脂肪便會開始燃燒。因此，肥胖與醣類有著密不可分的關係。若要瘦身，與其在意卡路里，不如先從低醣飲食著手（詳細請見→P.66）。

市售點心的含醣量高

大家都知道吃甜食容易發胖。

其實是因為其富含醣類。蛋糕的材料以麵粉為主，以砂糖提升甜度。砂糖100%、麵粉99%都是醣類。另外，抹醬也是拌入砂糖製成，其他像果醬、巧克力、日式和菓子與點心也都富含醣類。

不妨克制一下「吃得再飽也要享用甜食」的口欲吧！至少自家烘焙的點心要以低醣為原則。

製作低醣點心時,請不要加麵粉&砂糖喔!

首先,跟平常一樣加入蛋、奶油或起司等都OK!
製作低醣點心時要特別注意的是,不加一般點心用的麵粉與糖。只要花點巧思,選擇合適的材料替代,就能烘焙出可口的點心。少醣的粉類除了本書中介紹的「豆渣」之外,還有大豆粉(由生大豆磨製而成的粉末,不同於黃豆粉),烘焙用杏仁粉……等。可惜的是,這些低醣粉類不像麵粉含有麵筋蛋白,即使與水混合也無法自然產生黏性,建議可加入小麥蛋白(市售)混合製作(烘焙材料含醣量多寡→P.69)。

另外,使用不讓血糖升高的甜味劑取代砂糖。
市售的零卡路里、無糖甜味劑大多以水果等天然食物中含有的赤藻醣醇為原料,雖含醣但不會使血糖升高,還有顆粒狀與液狀可供選擇,但需留意濃縮型的用量(甜度是砂糖的3倍左右)(→P.71)。若想追求健康自然,可使用含礦物質的蜂蜜或楓糖漿等天然甜味劑,不過,這類天然甜味劑含醣量多,建議加入少許增添風味即可。

＊細說低醣(→P.66)

營養專家　大柳珠美

contents

variations

cream & sauce

本書的使用方法

‧計量單位：1杯200ml、1大匙15ml、1小匙5ml。

‧奶油：使用無鹽奶油，依個人喜好亦可選擇含鹽奶油。

‧烤箱：加熱溫度、加熱時間、烘焙火侯會依機種不同而異。需掌握烤箱的特性，
 調整火侯。

‧甜味劑：本書使用的甜味劑為「シュガーカットゼロ（品名）」的顆粒狀。
 甜味劑的甜味與風味依廠商而異。食譜中也標示了砂糖用量，
 請依使用的甜味劑斟酌用量。

‧醣量＆熱量（卡路里）的標示：本書中標示了每一個馬芬所含的醣量與卡路里，
 兩個數值皆不包含甜味劑所含的量（不影響血糖值）。

本書中除部分資料外，其餘數據皆根據日本文部科學省科學技術‧學術審議會資源
調查分科會報告書中的「日本食品成分表增訂五版」的資料進行計算。

step
1

為什麼使用豆渣？

本書中介紹的馬芬全由豆渣製成，
而特別選用豆渣是有原因的。

生豆渣

豆渣粉

豆渣是很棒的食材

營養滿分
又低卡

低醣
不怕血糖升高

含有豐富的纖維質
令人有飽足感

豆渣是豆腐製作過程中，將大豆煮熟，榨成豆漿後留下來的殘渣。雖說是豆渣，但還是富含著許多營養成分。

因此，豆渣又有初夏綻放的白色花朵「水晶花」及不用菜刀的「雪花菜きらず」之稱，是倍受重視的好食材。

豆渣最受矚目的成分便是纖維質！每100g中就含有11.5g，大約為牛蒡的兩倍；高麗菜的六倍；麵粉的四倍。這也是為什麼吃豆渣會有飽足感的原因。豆渣所含的纖維質不溶於水，在體內藉由吸收水分膨脹，刺激腸道蠕動，讓排便更順暢。除了纖維質之外，大豆也被稱為「田裡之肉」，其所富含的蛋白質也深受矚目。生豆渣每100g含有6.1g的蛋白質，木棉豆腐每100g含有6.6g的蛋白質，因此生豆渣的蛋白質含量幾乎與豆腐相同。

此外，豆渣還含有鉀，能幫助人體排出多餘的鈉；含有鈣，是構成骨骼與牙齒的主要成分；含有鎂，能維持骨骼健康。另外，也含有與女性荷爾蒙作用相似的大豆異黃酮。

而且相當低卡！麵粉每100g中含有73.4g的醣類，豆渣每100g中卻只含2.3g，因此豆渣非常適合用來製作少醣點心。

豆渣也能預防便秘、養顏美容，不僅是相當出色的瘦身食品，也容易與點心材料一起調配。顏色與味道皆偏淡的豆渣，與點心材料——奶油、起司或烘焙用杏仁粉一起混合，更能襯托出這些點心材料的風味。

生豆渣＆豆渣粉皆可

豆渣的種類可分為生豆渣與經乾燥處理的豆渣粉。馬芬可由生豆渣製作，但因生豆渣含有70％至80％的水分，需花時間使其乾燥。因此，推薦使用市售的豆渣粉，製作起來輕鬆又簡單。本書中收錄的馬芬食譜全是由豆渣粉製作而成的。

生豆渣瀝乾法

以微波爐瀝乾生豆渣之後再使用。瀝乾水分會讓豆渣獨特的氣味變得不明顯。

1 將生豆渣均勻舀入耐熱容器中，以微波爐（500W至600W）每三分鐘為單位，共加熱兩次。

2 以手觸摸豆渣，若仍帶濕潤，再以微波爐加熱兩次，每一次各加熱三分鐘（300g左右的生豆渣會變成約190g）。

3 將加熱過後的豆渣倒入烤盤推平，待冷卻之後，以食物調理機將豆渣磨成粉狀（若沒有食物調理機，可以果汁機打碎或以手搓散）。

4 豆渣容易腐壞，建議將每次要烘焙的量分裝起來冷凍。

觀察豆渣的濕潤度

豆渣含水量不同，若含水量較多，可再以微波爐加熱觀察其濕潤度。若選擇以平底鍋乾煎，則因豆渣容易燒焦，須特別留意。

豆渣粉

烘焙用杏仁粉

小麥蛋白

泡打粉

甜味劑

豆漿

奶油

奶油乳酪

原味馬芬的基本材料

本書中介紹的馬芬皆是由原味馬芬製作而成的。
豆渣擁有獨特的風味與香氣，只要在搭配的材料上花點巧思，
就能烘焙出美味可口的馬芬，
尤其以下三種材料是決定風味的主要關鍵。

● 烘焙用杏仁粉……能增添風味，是不可或缺的材料。

● 奶油乳酪…………與豆渣風味合拍且奶油乳酪的熱量低於只使用奶油時的熱量。

● 小麥蛋白…………來自小麥的蛋白質（請見→P.71）。
　　　　　　　　　由於豆渣不含麵筋蛋白，因此可以小麥蛋白提高豆渣的黏性。

材料（直徑約7cm的烤模6個）※蛋奶素

A
豆渣粉*　50g
烘焙用杏仁粉　50g
小麥蛋白　1大匙
泡打粉　1½小匙

B
奶油　50g
奶油乳酪　50g

蛋　3個
甜味劑　2大匙（或砂糖6大匙）
豆漿（或牛奶‧水等）50ml
檸檬汁　少許

＊使用生豆渣時，將80g左右的生豆渣
　乾燥處理至50g（→P.9）

 醣類2g　234kcal

奶油或奶油乳酪的用量

可依個人喜好斟酌用量。例如：可將奶油或奶
油乳酪的用量各減20g。如果仍在意熱量，可以
瀝乾的優格取代奶油乳酪，讓熱量降得更低。

水分

依個人喜好亦可加入牛奶、鮮奶油或水來代
替，不一定要使用豆漿（本書中的馬芬主要加
入豆漿，一部分加入鮮奶油）。
＊將生豆渣加熱乾燥時，記得調節含水量。

對小麥會過敏者

不加小麥蛋白也可烘焙出馬芬，雖然烤出來的
馬芬較沒有嚼勁，但以本書中介紹的各式抹醬
作為裝飾，仍能享受製作馬芬的樂趣。

原味馬芬的基礎作法

豆渣馬芬的優點就是能輕鬆完成，簡單的步驟初學者也能輕鬆上手。

將蛋白打發後加入豆渣糊中，能使烘烤出的馬芬口感更鬆軟。

若覺得麻煩，亦可將全蛋打散加入豆渣糊中攪拌即可。

事前準備

將塑膠袋攤開置於電子秤上，一邊秤重一邊加入粉類**A**。

將粉類裝進塑膠袋裡搖一搖即可。

將整個塑膠袋搖一搖，使粉類混合，不須過篩。

於烤模底部塗上一層奶油，或放入馬芬紙模。將烤箱預熱170℃至180℃。

製作豆渣糊

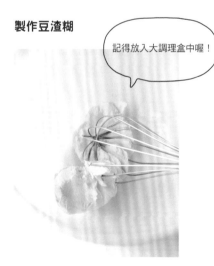

記得放入大調理盒中喔！

1 將材料**B**的奶油與奶油乳酪置於室溫，或以微波爐加熱使其軟化，並放入大調理盒中。

2 再以打蛋器將軟化後的奶油與奶油乳酪攪勻，呈現霜狀。

3 將蛋黃與蛋白分開，將蛋黃加入**2**攪拌均勻。

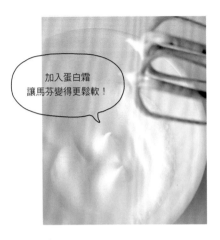

加入蛋白霜
讓馬芬變得更鬆軟！

4 將甜味劑加入**3**充分攪拌均勻。

5 於另一個碗中倒入蛋白，以攪拌機打發，呈蛋白霜狀（記得先將碗裡的水分確實擦乾）。

6 將一部分的蛋白霜加入**4**，並以打蛋器攪勻。

7 將部分粉類加入**6**攪拌。

8 以相同方式分次輪流拌入蛋白霜與粉類，並以橡皮刮刀輕輕攪拌。

9 加入豆漿、檸檬汁後攪拌均勻，使豆渣糊呈濕潤狀（若以生豆渣製作，則不須另加水）。

填入烤模內入箱烘烤

10 將豆渣糊分成六等分，揉成圓餅狀分別填入烤模內，以沾濕的手指輕輕將表面壓平。

約20分鐘左右即可烤熟，可依個人喜好調整烘烤時間。

**170℃～180℃
35min**

11 放進預熱170℃至180℃的烤箱內烘烤約35分鐘。15至20分鐘後，將烤箱溫度降至160℃，烤至略帶焦色即可。

12 出爐後，脫模置於網架上冷卻。

**隨時都能
快速製作出馬芬**

事先將多包秤過重量的粉類放入冰箱內冷藏備用，這樣無論何時，就能在短時間內製作出馬芬了，相當方便。

非立即享用時

豆渣馬芬的保存期限短，因此不妨以保鮮膜將馬芬蛋糕一個一個分開包好，放入密封袋或容器內冷凍保存。在享用前，讓其自然解凍，再以烤箱或烤麵包機加熱即可。

chocolate

lemon curd

以拿手的抹醬
裝飾原味馬芬

抹上不含砂糖、少糖的手工抹醬或醬汁，
為馬芬增添風味。

40 muffins

raspberry

butter cream

almond

由左至右／淋上巧克力醬 醣類
8g 335kcal・抹上酸酸甜甜的檸
檬奶油醬，再撒上檸檬皮 醣類
2.8g 257kcal・覆盆子奶油上擺上
整顆覆盆子 醣類2.7g 297kcal・
撒上杏仁薄片後進烤箱 醣類2.2g
246kcal・抹上爽口的奶油，再擺
上些許杏仁 醣類2.1g 280kcal

自製低醣抹醬＆醬汁→P.62

apple

蘋果馬芬

我家最受歡迎的就是帶點酸甜滋味，具有綿密口感的蘋果馬芬。
將蘋果稍微煮一下，更能襯托出檸檬的酸味。

事前準備

- 將粉類 **A** 裝進塑膠袋裡混合。
- 將材料 **B** 的奶油與奶油乳酪置於室溫，或以微波爐加熱使其軟化。
- 於烤模底部塗上一層奶油（分量外），或放入馬芬紙模。
- 烤箱預熱170℃至180℃

1　將材料 **B** 倒入大調理盆中攪拌至呈現霜狀，再加入3個蛋黃與甜味劑攪拌。

2　於另一個調理盆中倒入3個蛋白，以攪拌機將蛋白打發，使蛋白呈霜狀。

3　**2**的蛋白霜與粉類 **A** 分次輪流拌入**1**中輕輕攪拌。

4　豆漿、檸檬汁與煮過的蘋果丁加入**3**中攪拌。

5　將豆渣糊分成六等分，分別填入烤模內，並以沾濕的手指將表面壓平。將蘋果切成12片細長薄片，每個馬芬的中央排放2片蘋果作為點綴。

6　放進預熱170℃至180℃的烤箱內烘烤約35至40分鐘。中途將烤箱溫度降低為160℃至170℃，烤至略帶焦色即可。

蘋果丁的煮法

蘋果去皮後，切成1cm小丁，倒入耐熱容器中以微波爐（500W至600W）加熱4分鐘，接著將蘋果丁移至鍋內以小火煮至水分收乾。加入甜味劑以調整蘋果甜度。若覺得不夠酸，可再加入適量的檸檬汁。

材料（直徑約7cm的烤模6個）※蛋奶素

A
豆渣粉*　50g
烘焙用杏仁粉　50g
小麥蛋白　1大匙
泡打粉　1½小匙

B
奶油　50g
奶油乳酪　50g

蛋　3個
甜味劑　2大匙（或砂糖6大匙）
豆漿　50ml
檸檬汁　少許
煮過的蘋果丁（如下圖）　150g
裝飾用蘋果（帶皮）　⅙個

 醣類6.4g　252kcal

藍莓馬芬

迫不及待將庭院裡的藍莓摘下。
煮熟的藍莓紛紛在口中蹦開，甘甜多汁的好滋味瞬間化開。

材料（直徑約7cm的烤模6個）※蛋奶素

A
豆渣粉* 50g
烘焙用杏仁粉 50g
小麥蛋白 1大匙
泡打粉 1½小匙

B
奶油 50g
奶油乳酪 50g

蛋 3個
甜味劑 2大匙（或砂糖6大匙）
豆漿 50ml
檸檬汁 少許
藍莓（小粒） 約2包
裝飾用甜味劑（粉狀） *適量

事前準備

* 將粉類 **A** 裝進塑膠袋裡混合。
* 將材料 **B** 的奶油與奶油乳酪置於室溫，
  或以微波爐加熱使其軟化。
* 於烤模底部塗上一層奶油（分量外），或放入馬芬紙模。
* 烤箱預熱170℃至180℃

1 將材料 **B** 倒入大調理盆中攪拌至呈現霜狀，再加入3個蛋黃
　與甜味劑攪拌。

2 於另一個調理盆中倒入3個蛋白，以攪拌機將蛋白打發，呈
　蛋白霜狀。

3 **2**的蛋白霜與粉類 **A** 分次輪流拌入**1**中輕輕攪拌。

4 豆漿、檸檬汁加入**3**中攪拌，將豆渣糊分成六等分。

5 每一格烤模內舀進一半的豆渣糊後，各放入9顆藍莓，再以
　剩餘的豆渣糊蓋住藍莓，並以沾濕的手指將表面壓平，然後
　在表面再各擺上9顆藍莓裝飾。

6 放進預熱170℃至180℃的烤箱內，烘烤約35分鐘。15至20分
　鐘後，將烤箱溫度降至160℃，烤至略帶焦色即可。出爐後
　脫模，冷卻後再撒上甜味劑。

＊若沒有粉狀甜味劑，亦可將顆粒狀甜味劑以研磨缽磨成粉狀。

 醣類4.1g　245kcal

blueberry

香蕉馬芬

香蕉雖然富含醣類，但仍深受大家青睞，那就將它切成薄片拌入馬芬吧！
將香蕉拌入，攪拌至豆渣糊呈濕潤狀，使馬芬散發香甜氣息……
剛出爐的香蕉馬芬都被小朋友們吃光光了。

材料（直徑約7cm的烤模6個）※蛋奶素

A
| 豆渣粉　50g
| 烘焙用杏仁粉　50g
| 小麥蛋白　1大匙
| 泡打粉　1½小匙

B
| 奶油　50g
| 奶油乳酪　50g

蛋　3個
甜味劑　2大匙（或砂糖6大匙）
豆漿　50ml
檸檬汁　少許

香蕉（淨重）　1根（約120g）

事前準備

- 將粉類**A**裝進塑膠袋裡混合。
- 將材料**B**的奶油與奶油乳酪置於室溫，或以微波爐加熱使其軟化。
- 於烤模底部塗上一層奶油（分量外），或放入馬芬紙模。
- 將一根香蕉切成六等分，再將每一等分各切成5片圓片。
- 烤箱預熱170℃至180℃。

1 將材料**B**倒入大調理盆中攪拌至呈現霜狀，再加入3個蛋黃與甜味劑攪拌。

2 於另一個調理盆中倒入3個蛋白，以攪拌機將蛋白打發，呈蛋白霜狀。

3 2的蛋白霜與粉類**A**分次輪流拌入**1**中輕輕攪拌。

4 豆漿、檸檬汁加入**3**中攪拌，將豆渣糊分成六等分。

5 每一等分的豆渣糊拌入兩片香蕉，一邊拌合豆渣糊一邊將香蕉搗成泥，接著將豆渣糊舀進烤模內，並以沾濕的手指將表面壓平，在於表面各擺上3片香蕉裝飾。

6 放進預熱170℃至180℃的烤箱內，烘烤約35至40分鐘。15至20分鐘後，將烤箱溫度降至160℃，烤至略帶焦色即可。

 醣類6.3g　251kcal

banana

草莓馬芬

草莓不論形狀或顏色都很可愛。
拌入草莓的切片,烤出來的馬芬會泛起微微的草莓紅呢!

材料(直徑約7cm的烤模6個) ※蛋奶素

A
豆渣粉 50g
烘焙用杏仁粉 50g
小麥蛋白 1大匙
泡打粉 1½小匙

B
奶油 50g
奶油乳酪 50g

蛋 3個
甜味劑 2大匙(或砂糖6大匙)
豆漿 50ml
檸檬汁 少許

草莓 12顆

事前準備

- 將粉類**A**裝進塑膠袋裡混合。
- 將材料**B**的奶油與奶油乳酪置於室溫,或以微波爐加熱使其軟化。
- 於烤模底部塗上一層奶油(分量外),或放入馬芬紙模。
- 烤箱預熱170℃至180℃。

1 將材料**B**倒入大調理盆中攪勻呈現霜狀,再加入3個蛋黃與甜味劑攪拌。

2 於另一個調理盆中倒入3個蛋白,以攪拌機將蛋白打發,呈蛋白霜狀。

3 **2**的蛋白霜與粉類**A**分次輪流拌入**1**中輕輕攪拌。

4 豆漿、檸檬汁加入**3**中攪拌,將豆渣糊分成六等分。

5 將草莓縱切成丁,每一等分的豆渣糊拌入一顆草莓切片,攪拌均勻後舀進烤模內,並以沾濕的手指將表面壓平,於表面各擺上一顆草莓切片裝飾。

6 放進預熱170℃至180℃的烤箱內,烘烤約35分鐘。15至20分鐘後,將烤箱溫度降至160℃,烤至略帶焦色即可。

醣類2.8g　237kcal

strawberry

柚子 & 葡萄 & 無花果馬芬

由於使用的烤模一次能烤六個馬芬，所以能同時製作三種不同的水果口味。

擺上水果，就能讓口感更加水潤。

材料（直徑約7cm的烤模6個）※蛋奶素

A
豆渣粉　50g
烘焙用杏仁粉　50g
小麥蛋白　1大匙
泡打粉　1½小匙

B
奶油　50g
奶油乳酪　50g

蛋　3個
甜味劑　2大匙（或砂糖6大匙）
豆漿　50ml
檸檬汁　少許

柚子（切薄片）　2片
葡萄　2顆
無花果（切薄片）　2片
糖漿（將甜味劑溶於等量水中）　適量

事前準備

- 將粉類A裝進塑膠袋裡混合。
- 將材料B的奶油與奶油乳酪置於室溫，或以微波爐加熱使其軟化。
- 於烤模底部塗上一層奶油（分量外），或放入馬芬紙模。
- 烤箱預熱170℃至180℃。

1 將材料B倒入大調理盆中攪拌至呈現霜狀，再加入3個蛋黃與甜味劑攪拌。

2 於另一個調理盆中倒入3個蛋白，以攪拌機將蛋白打發，呈蛋白霜狀。

3 2的蛋白霜與粉類A分次輪流拌入1中輕輕攪拌。

4 豆漿、檸檬汁加入3中攪拌，將豆渣糊分成六等分舀進烤模內，並以沾濕的手指將表面壓平。

5 於表面分別擺上一片柚子或無花果。葡萄則整顆連皮切成6片薄片，排列於馬芬上，最後分別在水果表面刷上糖漿。

6 放進預熱170℃至180℃的烤箱內，烘烤約35分鐘。15至20分鐘後，將烤箱溫度降至160℃，烤至略帶焦色即可。

 柚子馬芬　醣類3g　238kcal
葡萄馬芬　醣類3.8g　241kcal
無花果馬芬　醣類3.2g　239kcal

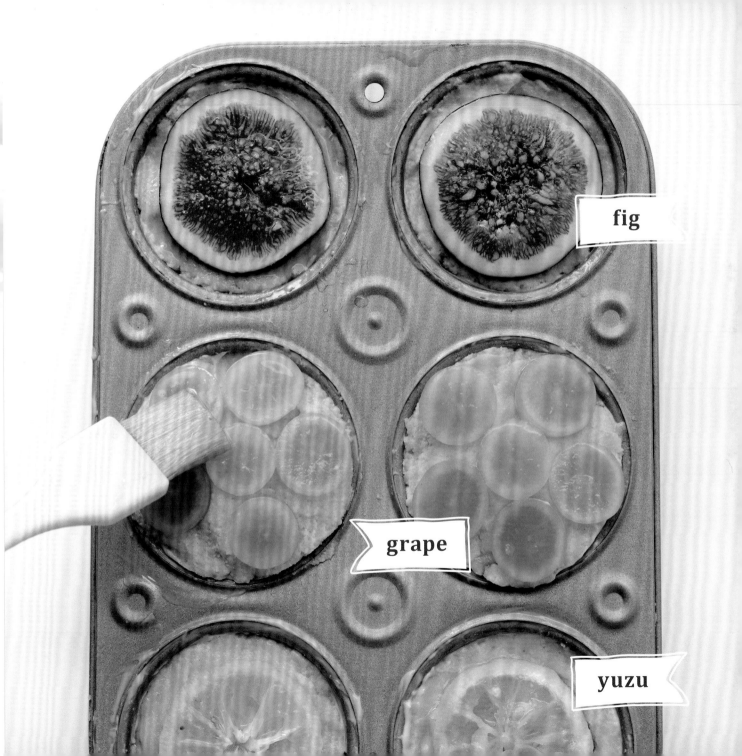

生薑巧克力馬芬

將巧克力切碎均勻撒入豆渣糊中，烘焙出巧克力的質樸風味，
再加入薑末達到畫龍點睛的效果。
沒想到與肉桂或丁香等香料也很搭喔！

材料（直徑約7cm的烤模6個）※蛋奶素

A
豆渣粉　50g
烘焙用杏仁粉　50g
小麥蛋白　1大匙
泡打粉　1½小匙

B
奶油　50g
奶油乳酪　50g

蛋　3個
甜味劑　2大匙（或砂糖6大匙）
鮮奶油*（或牛奶）　50ml
檸檬汁　少許

巧克力（85%可可）　50g（切碎）
生薑（磨成泥）4小匙

＊為了融合出巧克力的香醇風味，
使用鮮奶油或牛奶取代豆漿。

事前準備

- 將粉類 **A** 裝進塑膠袋裡混合。
- 將材料 **B** 的奶油與奶油乳酪置於室溫，
  或以微波爐加熱使其軟化。
- 於烤模底部塗上一層奶油（分量外），或放入馬芬紙模。
- 烤箱預熱170℃至180℃。

1 將材料 **B** 倒入大調理盆中攪拌至呈現霜狀，再加入3個蛋黃與甜味劑攪拌。

2 於另一個調理盆中倒入3個蛋白，以攪拌機將蛋白打發，呈蛋白霜狀。

3 **2** 的蛋白霜與粉類 **A** 分次輪流拌入 **1** 中輕輕攪拌。

4 鮮奶油、檸檬汁、巧克力及薑末加入 **3** 中攪拌。

5 將豆渣糊分成六等分，裝進烤模內，並以沾濕的手指將表面壓平。

6 放進預熱170℃至180℃的烤箱內，烘烤約35分鐘。15至20分鐘後，將烤箱溫度降至160℃，烤至略帶焦色即可。

 醣類3.9g　315kcal

ginger &
chocolate

香蕉可可馬芬

只要將可可粉加入豆渣糊裡攪拌，就能輕鬆烘焙出巧克力口味的馬芬，
同時還能享受綿密香蕉與酥脆堅果的口感。

材料（直徑約7cm的烤模6個）※蛋奶素

A
- 豆渣粉　50g
- 烘焙用杏仁粉　50g
- 可可粉（無糖）　30g
- 小麥蛋白　1大匙
- 泡打粉　1½小匙

B
- 奶油　50g
- 奶油乳酪　50g

- 蛋　3個
- 甜味劑　2大匙（或砂糖6大匙）
- 鮮奶油*　50ml
- 檸檬汁　少許

- 香蕉（切成厚度5mm的圓片）　12片
- 核桃（撥一半）　12顆
- 長山核桃　6顆

*為了融合出可可的香醇風味，
　使用鮮奶油或牛奶取代豆漿。

事前準備

- 將粉類**A**裝進塑膠袋裡混合。
- 將材料**B**的奶油與奶油乳酪置於室溫，
  或以微波爐加熱使其軟化。
- 於烤模底部塗上一層奶油（分量外），或放入馬芬紙模。
- 烤箱預熱170℃至180℃。

1　將材料**B**倒入大調理盆中攪拌至呈現霜狀，再加入3個蛋黃
　　與甜味劑攪拌。

2　於另一個調理盆中倒入3個蛋白，以攪拌機將蛋白打發，呈
　　蛋白霜狀。

3　**2**的蛋白霜與粉類**A**分次輪流拌入**1**中輕輕攪拌。

4　鮮奶油、檸檬汁加入**3**中攪拌，將豆渣糊分成六等分。

5　每一等分的豆渣糊拌入2片香蕉與兩顆核桃（切成較粗的顆
　　粒），攪拌均勻後舀入烤模內，並以沾濕的手指將表面壓
　　平，再於表面各擺上一顆長山核桃裝飾。

6　放進預熱170℃至180℃的烤箱內，烘烤約35分鐘。15至20分
　　鐘過後，將烤箱溫度降至160℃。

*由於可可馬芬本身顏色較深，不易從外觀掌握烘烤程度，因此可
　以竹籤插入馬芬中測試是否烤熟。

 醣類4.9g　325kcal

banana
& cocoa

雙倍巧克力馬芬

宛如巧克力蛋糕的馬芬能讓人品嚐到巧克力濃郁的風味，
佐以鮮奶油端上桌，大家都會驚訝地問：「這個真的是用豆渣作的嗎？」
巧克力濃郁的風味讓不喜豆渣的人也愛上呢！

材料（直徑約7cm的烤模6個）※蛋奶素

A
| 豆渣粉　50g
| 烘焙用杏仁粉　50g
| 可可粉（無糖）　30g
| 小麥蛋白　1大匙
| 泡打粉　1½小匙

B
| 奶油　50g
| 奶油乳酪　50g

蛋　3個
甜味劑　2大匙（或砂糖6大匙）
鮮奶油　50ml

C
| 巧克力（85%可可）　40g
| 鮮奶油　80ml

巧克力（85%可可）　50g（切碎）

無任何裝飾	醣類6.5g	425kcal
搭配鮮奶油	醣類7.3g	542kcal
擺上巧克力 （左上圖）	醣類8.1g	471kcal

事前準備

- 將粉類 **A** 裝進塑膠袋裡混合。
- 將材料 **B** 的奶油與奶油乳酪置於室溫，
  或以微波爐加熱使其軟化。
- 於烤模底部塗上一層奶油（分量外），或放入馬芬紙模。
- 烤箱預熱170℃至180℃。

1 將材料 **B** 倒入大調理盆中攪拌至呈現霜狀，再加入3個蛋黃
與甜味劑攪拌。

2 製作巧克力醬。將材料 **C** 的巧克力剝成塊狀，置於另一個調
理盆中，倒入80ml加熱後的鮮奶油 **C** 使其融化，再倒入 **1** 中
攪拌均勻。

3 於另一個調理盆中倒入3個蛋白，以攪拌機將蛋白打發，呈
蛋白霜狀。

4 **3** 的蛋白霜與粉類 **A** 分次輪流拌入 **2** 中輕輕攪拌。

5 將50ml的鮮奶油與切碎的巧克力加入 **4** 中攪拌均勻，豆渣糊
分成六等分舀進烤模內，並以沾濕的手指將表面壓平。

6 放進預熱170℃至180℃的烤箱內，烘烤約40至45分鐘。15至
20分鐘後，將烤箱溫度降至160℃。出爐後，可搭配鮮奶油
或擺上巧克力裝飾。

＊由於豆渣糊的量較多，烘烤時間會較原味馬芬長。

＊由於雙倍巧克力馬芬本身顏色較深，不易從外觀掌握烘烤程度，
因此可以竹籤插入馬芬中測試是否烤熟。

double
chocolate

摩卡馬芬

拌入香氣濃醇即溶咖啡烘烤而成的咖啡風味馬芬，
最後再擠上摩卡奶油裝飾。

材料（直徑約7㎝的烤模6個）※蛋奶素

A
豆渣粉　50g
烘焙用杏仁粉　50g
小麥蛋白　1大匙
泡打粉　1½小匙

B
奶油　50g
奶油乳酪　50g

蛋　3個
甜味劑　2大匙（或砂糖6大匙）
即溶咖啡　3小匙
豆漿　50ml
檸檬汁　少許

裝飾用摩卡奶油醬（請見下列作法）　適量

醣類　2.3g　235kcal
擠上奶油　醣類2.3g　281kcal

事前準備

* 將粉類**A**裝進塑膠袋裡混合。
* 將材料**B**的奶油與奶油乳酪置於室溫，
  或以微波爐加熱使其軟化。
* 於烤模底部塗上一層奶油（分量外），或放入馬芬紙模。
* 烤箱預熱170℃至180℃。

1　將材料**B**倒入大調理盆中攪拌至呈現霜狀，再加入3個蛋黃、甜味劑與即溶咖啡（溶於等量水中）攪拌。

2　於另一個調理盆中倒入3個蛋白，以攪拌機將蛋白打發，呈蛋白霜狀。

3　**2**的蛋白霜與粉類**A**分次輪流拌入**1**中輕輕攪拌。

4　豆漿、檸檬汁加入**3**中攪拌，將豆渣糊分成六等分，舀進烤模內，並以沾濕的手指將表面壓平。

5　放進預熱170℃至180℃的烤箱內，烘烤約35分鐘。15至20分鐘後，將烤箱溫度降至160℃，烤至略帶焦色即可。

6　馬芬冷卻後，將摩卡奶油醬填入擠花袋中，擠出喜愛的圖案裝飾。

摩卡奶油醬的作法

製作奶油醬（→P.63），拌入濃郁的即溶咖啡（將2小匙溶於等量水中）攪拌均勻。若奶油醬變硬，可以40℃左右的溫度隔水加熱即可。

mocha

紅茶馬芬

除了拌入茶葉，再添加沖泡後的香醇紅茶，就能烘烤出散發誘人香氣的紅茶馬芬。
熱騰騰的馬芬佐上酸甜滋味的檸檬奶油醬，
絕對驚艷你的味蕾，不妨試試喔！

材料（直徑約7cm的烤模6個）※蛋奶素

A
| 豆渣粉　50g
| 烘焙用杏仁粉　50g
| 小麥蛋白　1大匙
| 泡打粉　1½小匙

B
| 奶油　50g
| 奶油乳酪　50g

蛋　3個
甜味劑　2大匙（或砂糖6大匙）
檸檬汁　少許

紅茶*　50ml（以3包茶包沖泡）
紅茶茶葉　1包茶包
裝飾用檸檬奶油醬（→P.64）　適量

＊可依個人喜好，使用伯爵茶替代。

事前準備

- 將粉類**A**裝進塑膠袋裡混合。
- 將材料**B**的奶油與奶油乳酪置於室溫，
  或以微波爐加熱使其軟化。
- 於烤模底部塗上一層奶油（分量外），或放入馬芬紙模。
- 烤箱預熱170℃至180℃。

1　將材料**B**倒入大調理盆中攪拌至呈現霜狀，再加入3個蛋黃
　　與甜味劑攪拌。

2　於另一個調理盆中倒入3個蛋白，以攪拌機將蛋白打發，呈
　　蛋白霜狀。

3　**2**的蛋白霜與粉類**A**分次輪流拌入**1**中輕輕攪拌。

4　檸檬汁、紅茶及茶葉加入**3**中攪拌，將豆渣糊分成六等分，
　　舀進烤模內，並以沾濕的手指將表面壓平。

5　放進預熱170℃至180℃的烤箱內，烘烤約35分鐘。15至20分
　　鐘後，將烤箱溫度降至160℃，烤至略帶焦色即可。

6　依喜好淋上檸檬奶油醬。

🧁　醣類　1.8g　231kcal
　　抹上檸檬奶油醬　醣類2.5g　251kcal

tea

蘋果薩瓦蘭

適合大人享用的成熟甜點。
拌入蘋果泥與蘋果汁，烘烤出的薩瓦蘭具有超乎想像的獨特美味呢！

材料（直徑約7cm的烤模6個）※蛋奶素

A
| 豆渣粉　50g
| 烘焙用杏仁粉　50g
| 小麥蛋白　1大匙
| 泡打粉　1½小匙

B
| 奶油　50g
| 奶油乳酪　50g

蛋　3個
甜味劑　2大匙（或砂糖6大匙）
鮮奶油　50ml
檸檬汁　少許
蘋果泥　1顆分

C
| 淡紅茶　2杯
| 蘭姆酒　½杯
| 甜味劑　5大匙

裝飾用鮮奶油　適量

事前準備

- 將粉類A裝進塑膠袋裡混合。
- 將材料B的奶油與奶油乳酪置於室溫，或以微波爐加熱使其軟化。
- 於烤模底部塗上一層奶油（分量外），或放入馬芬紙模。
- 烤箱預熱170℃至180℃。

1 將材料B倒入大調理盆中攪拌至呈現霜狀，再加入3個蛋黃與甜味劑攪拌。

2 於另一個調理盆中倒入3個蛋白，以攪拌機將蛋白打發，呈蛋白霜狀。

3 2的蛋白霜與粉類A分次輪流拌入1中輕輕攪拌。

4 鮮奶油、檸檬汁與蘋果泥加入3中攪拌，將豆渣糊分成六等分，舀進烤模內，並以沾濕的手指將表面壓平。

5 放進預熱170℃至180℃的烤箱內，烘烤約35分鐘。15至20分鐘後，將烤箱溫度降至160℃，烤至略帶焦色即可。

6 混合材料C後倒入淺盤中備用。取剛出爐的馬芬**5**，將其底部浸於材料C的酒糖液中，若酒糖液不夠，可加入紅茶或水代替。

7 食用前移至器皿，並佐上打發的鮮奶油。

醣類2.3g　294kcal
佐上鮮奶油　醣類3.1g　411kcal

savarin

白味噌櫻花馬芬 & 芝麻馬芬

鹽漬櫻花與芝麻香氣在嘴裡化開。
拌入白味噌，讓豆渣糊變得更水潤柔軟，
沒想到豆渣與白味噌如此契合，真是新發現！

sesame

芝麻馬芬

材料（直徑約7㎝的烤模6個）※蛋奶素

A
| 豆渣粉　50g
| 烘焙用杏仁粉　50g
| 小麥蛋白　1大匙
| 泡打粉　1½小匙

B
| 奶油　50g
| 奶油乳酪　50g

蛋　3個
甜味劑　2大匙（或砂糖6大匙）
豆漿　50ml
檸檬汁　少許

白味噌　3大匙
芝麻粉（黑色或白色）3大匙
芝麻粒（黑色或白色）約3小匙

事前準備

- 將粉類 **A** 裝進塑膠袋裡混合。
- 將材料 **B** 的奶油與奶油乳酪置於室溫，或以微波爐加熱使其軟化。
- 於烤模底部塗上一層奶油（分量外），或放入馬芬紙模。
- 烤箱預熱170℃至180℃。

1 將材料 **B** 倒入大調理盆中攪拌至呈現霜狀，再加入3個蛋黃、甜味劑及白味噌攪拌。

2 於另一個調理盆中倒入3個蛋白，以攪拌機將蛋白打發，呈蛋白霜狀。

3 **2**的蛋白霜與粉類 **A** 分次輪流拌入**1**中輕輕攪拌。

4 豆漿、檸檬汁及芝麻粉加入**3**中攪拌，將豆渣糊分成六等分，舀進烤模內，並以沾濕的手指將表面壓平，再撒上芝麻。

5 放進預熱170℃至180℃的烤箱內，烘烤約35分鐘。15至20分鐘後，將烤箱溫度降至160℃，烤至略帶焦色即可。

🖤 櫻花馬芬

將芝麻馬芬的芝麻換成六小束鹽漬櫻花，使用前先將櫻花浸泡於水中去除多餘的鹽分。
事前準備工作同芝麻馬芬步驟 **1** 至 **4**，途中將烤箱溫度降至160℃，並暫時取出烤盤，擺上處理過的鹽漬櫻花後，再放入烤箱中繼續烘烤。

 芝麻馬芬　醣類4.7g　316kcal
櫻花馬芬　醣類4g　247kcal

抹茶馬芬

拌入經常享用的淡味抹茶入箱烘烤。
縮短烘烤時間能使茶香四溢，顏色也能呈現漂亮的翠綠色。

材料（直徑約7cm的烤模6個）※蛋奶素

A
豆渣粉　50g
烘焙用杏仁粉　50g
小麥蛋白　1大匙
泡打粉　1½小匙

B
奶油　50g
奶油乳酪　50g

蛋　3個
甜味劑　2大匙（或砂糖6大匙）
豆漿　50ml
檸檬汁　少許

抹茶　1大匙
裝飾用抹茶　適量

事前準備

- 將粉類 **A** 裝進塑膠袋裡混合。
- 將材料 **B** 的奶油與奶油乳酪置於室溫，
  或以微波爐加熱使其軟化。
- 於烤模底部塗上一層奶油（分量外），或放入馬芬紙模。
- 烤箱預熱170℃至180℃。

1　將材料 **B** 倒入大調理盆中攪拌至呈現霜狀，再加入3個蛋黃
　　與甜味劑攪拌。

2　於另一個調理盆中倒入3個蛋白，以攪拌機將蛋白打發，呈
　　蛋白霜狀。

3　**2** 的蛋白霜與粉類 **A** 分次輪流拌入 **1** 中輕輕攪拌。

4　豆漿、檸檬汁與抹茶加入 **3** 中攪拌，將豆渣糊分成六等分，
　　舀進烤模內，並以沾濕的手指將表面壓平。

5　放進預熱170℃至180℃的烤箱內，烘烤約25分鐘。15分鐘
　　後，將烤箱溫度降至160℃，記得不要烤得太焦。

6　出爐後待完全冷卻，於食用前撒上抹茶粉即可。

＊抹茶容易變色，因此在享用前撒上風味較佳。

　醣類2g　237kcal

matcha

玉米馬芬

宛如法式鹹蛋糕般的主食馬芬作為早餐頗受好評呢！
拌入夏季盛產的玉米能讓馬芬顯得多汁可口。

材料（直徑約7cm的烤模6個）※蛋奶素

A
| 豆渣粉 50g
| 烘焙用杏仁粉 50g
| 小麥蛋白 1大匙
| 泡打粉 1½小匙

B
| 奶油 50g
| 奶油乳酪 50g

蛋 3個
甜味劑 2大匙（或砂糖6大匙）
豆漿 50ml
檸檬汁 少許

冷凍玉米粒 150g

事前準備

* 將粉類**A**裝進塑膠袋裡混合。
* 將材料**B**的奶油與奶油乳酪置於室溫，
  或以微波爐加熱使其軟化。
* 於烤模底部塗上一層奶油（分量外），或放入馬芬紙模。
* 烤箱預熱170℃至180℃。

1 將材料**B**倒入大調理盆中攪拌至呈現霜狀，再加入3個蛋黃
  與甜味劑攪拌。

2 於另一個調理盆中倒入3個蛋白，以攪拌機將蛋白打發，呈
  蛋白霜狀。

3 **2**的蛋白霜與粉類**A**分次輪流拌入**1**中輕輕攪拌。

4 豆漿、檸檬汁與玉米粒加入**3**中攪拌，將豆渣糊分成六等
  分。

5 放進預熱170℃至180℃的烤箱內，烘烤約35分鐘。15至20分
  鐘後，將烤箱溫度降至160℃，烤至略帶焦色即可。

 醣類5.7g 255kcal

corn

櫛瓜馬芬 & 胡蘿蔔馬芬

拌入櫛瓜或胡蘿蔔泥，再加入蔬菜汁，蔬菜的水分會使烘焙出的馬芬口感變得綿密濕潤。
搭配湯品或蛋料理就是一頓豐盛的早午餐囉！

櫛瓜馬芬

材料（直徑約7cm的烤模6個）

A
| 豆渣粉 50g
| 烘焙用杏仁粉 50g
| 小麥蛋白 1大匙
| 泡打粉 1½小匙

B
| 奶油 50g
| 奶油乳酪 50g

蛋 3個
甜味劑 2大匙（或砂糖6大匙）
檸檬汁 少許

櫛瓜（磨成泥）* 100g（中型1條）
裝飾用櫛瓜皮（切絲）適量

＊櫛瓜一半磨成較粗的泥，剩餘的一半磨成細泥。

＊蔬菜水分含量多，因此不須加入豆漿。

事前準備

* 將粉類 **A** 裝進塑膠袋裡混合。
* 將材料 **B** 的奶油與奶油乳酪置於室溫，
  或以微波爐加熱使其軟化。
* 於烤模底部塗上一層奶油（分量外），或放入馬芬紙模。
* 烤箱預熱170℃至180℃。

1　將材料 **B** 倒入大調理盆中攪拌至呈現霜狀，再加入3個蛋黃
　　與甜味劑攪拌。

2　於另一個調理盆中倒入3個蛋白，以攪拌機將蛋白打發，呈
　　蛋白霜狀。

3　**2** 的蛋白霜與粉類 **A** 分次輪流拌入 **1** 中輕輕攪拌。

4　檸檬汁、櫛瓜泥加入 **3** 中攪拌，將豆渣糊分成六等分，舀進
　　烤模內，並以沾濕的手指將表面壓平，再撒上櫛瓜皮。

5　放進預熱170℃至180℃的烤箱內，烘烤約35分鐘。15至20分
　　鐘後，將烤箱溫度降至160℃，烤至略帶焦色即可。

胡蘿蔔馬芬

作法同櫛瓜馬芬，將櫛瓜換成胡蘿蔔即可。

 　櫛瓜馬芬　醣類2g　232kcal
　　　　　　　胡蘿蔔馬芬　醣類2.8g　236kcal

zucchini

carrot

鹹味起司馬芬

拌入切丁的火腿＆起司，
最適合作為早餐或搭配葡萄酒一起享用了。

材料（直徑約7cm的烤模6個）※非素

A
| 豆渣粉　50g
| 烘焙用杏仁粉　50g
| 小麥蛋白　1大匙
| 泡打粉　1½小匙

B
| 奶油　50g
| 奶油乳酪　50g

蛋　3個
甜味劑　2大匙（或砂糖6大匙）
豆漿　50ml
檸檬汁　少許

火腿（1cm小丁）　90g
加工乳酪（1cm小丁）　90g

事前準備

* 將粉類 **A** 裝進塑膠袋裡混合。
* 將材料 **B** 的奶油與奶油乳酪置於室溫，
  或以微波爐加熱使其軟化。
* 於烤模底部塗上一層奶油（分量外），或放入馬芬紙模。
* 烤箱預熱170℃至180℃。

1 將材料 **B** 倒入大調理盆中攪拌至呈現霜狀，再加入3個蛋黃
與甜味劑攪拌。

2 於另一個調理盆中倒入3個蛋白，以攪拌機將蛋白打發，呈
蛋白霜狀。

3 **2**的蛋白霜與粉類 **A** 分次輪流拌入**1**中輕輕攪拌。

4 豆漿、檸檬汁加入**3**中攪拌，將豆渣糊分成六等分。

5 將火腿、起司分成六等分，分別拌入每一等分的豆渣糊，舀
進烤模內，並以沾濕的手指將表面壓平。

6 放進預熱170℃至180℃的烤箱內，烘烤約35分鐘。中途將烤
箱溫度降低為160℃至170℃，烤至略帶焦色即可。

 醣類2.4g　314kcal

ham & cheese

番茄馬茲瑞拉起司馬芬

烤番茄＆融化的馬茲瑞拉起司在嘴裡熱騰騰地化開。

起司就是要熱呼呼的才好吃呀！

為了不讓表面的起司烤得太焦，可於烘烤到一半時再加上起司。

材料（直徑約7cm的烤模6個）※蛋奶素

A
| 豆渣粉　50g
| 烘焙用杏仁粉　50g
| 小麥蛋白　1大匙
| 泡打粉　1½小匙

B
| 奶油（無鹽奶油）　50g
| 奶油乳酪　50g

蛋　3個
甜味劑　2大匙（或砂糖6大匙）
豆漿　50ml
檸檬汁　少許

迷你馬茲瑞拉起司　30顆
小番茄　18顆

事前準備

- 將粉類A裝進塑膠袋裡混合。
- 將材料B的奶油與奶油乳酪置於室溫，或以微波爐加熱使其軟化。
- 於烤模底部塗上一層奶油（分量外），或放入馬芬紙模。
- 烤箱預熱170℃至180℃。

1　將材料B倒入大調理盆中攪拌至呈現霜狀，再加入3個蛋黃與甜味劑攪拌。

2　於另一個調理盆中倒入3個蛋白，以攪拌機將蛋白打發，呈蛋白霜狀。

3　2的蛋白霜與粉類A分次輪流拌入1中輕輕攪拌。

4　豆漿、檸檬汁加入3中攪拌，將豆渣糊分成六等分。每一等分的豆渣糊拌入2顆迷你馬茲瑞拉起司後，舀進烤模內。

5　以沾濕的手指將表面壓平，並以等距擺上3顆小番茄。

6　放進預熱170℃至180℃的烤箱內，烘烤約35分鐘。15至20分鐘後，將烤箱溫度降至160℃，並在小番茄之間各擺上1顆迷你馬茲瑞拉起司，每個馬芬各擺3顆起司，再送入烤箱繼續烘烤。

＊豆渣糊中亦可拌入切碎的羅勒或橄欖油。

 醣類3.8g　371kcal

tomato &
mozzarella

一口馬芬拼盤

宛如開胃菜般的一口馬芬深受客人好評。
只要將手邊僅有的配料加上香草植物或起司就能輕鬆完成。
除了鹹味馬芬,若同時也供應葡萄乾等甜味馬芬,更有畫龍點睛的效果。
豆渣糊拌入香氣宜人的橄欖油,可使馬芬與葡萄酒成為絕配呢!

材料(直徑約3cm的矽膠烤模20個)※蛋奶素

豆渣糊　原味馬芬(→P.11)
　　　　橄欖油　2大匙

配料　9種(請參照右側內容)　適量

1　豆渣糊作法同原味馬芬的基本作法(→P.12),
　　步驟**9**中再加入橄欖油攪拌均勻,並將豆渣糊
　　分成20份。

2　分別加入**a**至**i**等配料後,將豆渣糊移至烤模,
　　放進預熱170℃至180℃的烤箱內,烘烤約25分
　　鐘。15分鐘後,將烤箱溫度降至160℃,烤至
　　略帶焦色即可。

＊除了本書中介紹的九款,亦可再增加不同的配
　料,更能增添製作的樂趣。

a 至 i 的配料 & 豆渣糊(各1個)

a　擺上迷你番茄(9顆)。
　　醣類1.3g　93kcal

b　拌入起司粉(1小匙)攪拌,並擺上義式香腸(1片)。※非素
　　醣類0.7g　107kcal

c　擺上葡萄乾(8個)。
　　醣類3.7g　102kcal

d　拌入切碎的橄欖(2顆)&少許油漬鯷魚攪拌。※非素
　　醣類0.7g　102kcal

e　拌入少許切碎的迷迭香&培根條(3至4片)攪拌,並擺上迷迭
　　香裝飾。※非素
　　醣類0.7g　102kcal

f　拌入番茄醬(⅓小匙)攪拌,並擺上小番茄(1顆)。
　　醣類1.8g　95kcal

g　擺上少量燻鮭魚&少許蒔蘿裝飾。※非素
　　醣類0.7g　93kcal

h　拌入藍紋乳酪(1cm小丁)、切碎的核桃(2瓣)及少許黑胡椒
　　攪拌,並擺上些許百里香葉裝飾。
　　醣類1g　126kcal

i　拌入羅勒醬(½小匙),並擺上松子(約10粒)。
　　醣類1g　114kcal

a

b

c

petit

d

e

f

g

h

i

variations

pancake

烤成薄薄一片

以平底鍋將豆渣糊薄薄煎成一片，就變身為可口的鬆餅了。
為了使馬芬口感柔軟綿密，特別在豆渣糊中加入了優格。

鬆餅

材料（直徑約6至7cm的鬆餅約10片）

※蛋奶素

A
豆渣粉　50g
烘焙用杏仁粉　50g
小麥蛋白　1大匙
泡打粉　1½小匙

B
奶油　50g
奶油乳酪　50g

蛋　3個
甜味劑　2大匙（或砂糖6大匙）
豆漿　50ml
檸檬汁　少許

原味優格　50g

 1片　醣類1.4g　143kcal

事前準備

- 將粉類 **A** 裝進塑膠袋裡混合。
- 將材料 **B** 的奶油與奶油乳酪置於室溫，或以微波爐加熱使其軟化。

1 將材料 **B** 倒入大調理盆中攪拌至呈現霜狀，再加入3個蛋黃與甜味劑攪拌。

2 於另一個調理盆中倒入3個蛋白，以攪拌機將蛋白打發，呈蛋白霜狀。

3 **2**的蛋白霜與粉類 **A** 分次輪流拌入 **1** 中輕輕攪拌。

4 豆漿、檸檬汁及優格加入 **3** 中攪拌，將豆渣糊分成十塊，每一塊再輕揉成圓餅狀。

5 平底鍋（這裡使用鬆餅專用平底鍋）以中火加熱，多塗上一些奶油（分量外），將圓餅狀的豆渣糊置於鍋內煎烤，並以鍋鏟將表面壓平，待邊緣熟透之後，翻面繼續煎使兩面烤至略帶焦色。

＊豆渣糊質地不像麵粉軟滑，不易塑型，但這正是手工點心才具有的特色。除了專用平底鍋之外，亦可運用圓形烤模煎烤。

烤成蛋糕

以蛋糕模烘烤豆渣糊，也能變身為美味的海綿蛋糕。
將蛋糕橫切為一半，其中一片以紅色水果像畫般排出橫條紋；
另一片則以綠色水果妝點出有層次感的顏色，兩款造型蛋糕就這樣完成囉！

green fruits

豆渣蛋糕的材料&作法
（直徑15cm的蛋糕烤模1個）

1　將原味馬芬材料（→P.11）中的豆漿換成50ml
　　的鮮奶油，以相同方式製作豆渣糊。

2　將豆渣糊舀入直徑15cm的蛋糕烤模中（需於
　　內側塗上奶油，底部鋪上烘烤紙），在預熱
　　170℃至180℃的烤箱中烘烤約45分鐘。25分鐘
　　後，將烤箱溫度降至160℃，烤至略帶焦色。
　　脫模待冷卻後，將蛋糕橫切為一半。

綠色水果蛋糕

在橫切一半的豆渣蛋糕上塗上糖漿（將甜味劑溶於
等量水中），再抹上打發鮮奶油。將綠色水果切成
喜歡的形狀，重疊排於蛋糕上裝飾。本書中使用了
5顆迷你奇異果、1/8顆哈密瓜（挖成小圓球）、各4
至5顆的葡萄及藍莓。

 1人份（1/8片）醣類3.7g　153kcal

紅色水果蛋糕

作法同綠色造型蛋糕，於豆渣蛋糕上塗抹糖漿與鮮
奶油，將紅色水果排成條紋狀。本書中使用了3至4
顆草莓、6顆葡萄、1瓣葡萄柚、少量香蕉、8顆覆
盆子、1/6個木瓜及4顆美國櫻桃。

 1人份（1/8片）醣類4.5g　156kcal

運用剩餘的馬芬

若有剩下的馬芬，只要一個就能使其變身為英式布丁或提拉米蘇風甜點。
不妨將馬芬切成大塊備用，讓英式布丁保有馬芬的口感；
製作提拉米蘇風甜點時，記得讓馬芬吸收足夠的咖啡液。

pudding

英式布丁

材料（2人分　容量300ml的耐熱容器1個）
※蛋奶素

原味馬芬（→P.12）*　1個

A
| 蛋　2個
| 牛奶　50ml
| 鮮奶油　100ml
| 蘭姆酒　少許
| 甜味劑　1大匙

煮過的蘋果丁（→P.19）　20g
覆盆子、藍莓　各3顆

＊除了原味馬芬之外，亦可使用其他口味
　馬芬來製作。不添加水果也依然美味可
　口喔！

1 混合布丁液 **A** 等材料後，倒入耐熱容器中。

2 將馬芬切成大塊，放入 **1** 中浸泡約30分鐘，使馬芬吸入足夠
的布丁液，再均勻撒上水果。

3 於烤盤上鋪上布巾，再擺上 **2**，並於烤盤中加水，放進預熱
至170℃的烤箱中蒸烤約20分鐘。

＊於烤盤上鋪上布巾，能使烤盤中的水分均勻地在容器底部流動。

 1人分　醣類6g　445kcal

提拉米蘇

材料（容量200ml的玻璃杯4個）※蛋奶素

原味馬芬（→P.12）*　1個

A
| 蛋　2個
| 馬斯卡彭起司　200g
| 鮮奶油　100g
| 甜味劑　2大匙
| 蘭姆酒　1大匙

濃咖啡　適量
可可粉（無糖）　適量

＊除了原味馬芬之外，亦可使用其他口味
　馬芬來製作。不添加水果也依然美味可
　口喔！

 1人分　醣類3.5g　367kcal

1 將馬芬橫切成四片，每一個玻璃杯裡各放進一
片，刷上咖啡，使馬芬變得濕軟。

2 以材料 **A** 製作奶油，將蛋黃與蛋白分開，於調
理盆中加入蛋黃與甜味劑。另準備一個裝有水
的鍋子，將調理盆放入鍋中以60℃左右的溫度
隔水加熱，同時以打蛋器將蛋黃打勻呈黏稠狀
後，將調理盆從鍋中取出。

3 將馬斯卡彭起司拌入 **2** 中攪拌。

4 將鮮奶油打發至拉起後會緩緩滑順流下的狀態
（七分發）。

5 以攪拌機將蛋白打發，呈蛋白霜狀。

6 將 **4** 的鮮奶油與 **5** 的蛋白霜加入 **3** 中攪拌，並
加入蘭姆酒。

7 步驟 **6** 完成的餡料分別舀入 **1** 的玻璃杯中，再
放進冰箱冷藏，享用之前，以濾茶網篩上可可
粉即可。

tiramisu

cream & sauce

自製低醣奶油抹醬

只要學會自製奶油抹醬，就能增添製作馬芬的樂趣！

奶油醬

一聽到奶油醬大家就會有厚重的感覺，常常對它敬而遠之。
其實，打發的奶油加入蛋白霜攪拌就能成為滑順爽口的奶油
醬，奶油醬質地異於鮮奶油，可反覆塗抹。

材料（容易製作的分量） ※蛋奶素

奶油　100g
蛋白　1個
甜味劑　1大匙
蘭姆酒　少量即可

1　將奶油置於室溫，或以微波爐加熱使其軟化（以500W至
　　600W的微波爐加熱，觀察奶油融化情形，同時以十秒為
　　單位共加熱兩次，記得不要使其融化為液狀）。

2　將1放入大調理盆中以打蛋器輕輕將奶油打成柔軟的霜
　　狀。

3　以鍋子（大小能容納打蛋白用的碗底）燒水。

4　於另一個調理盆中倒入蛋白，以攪拌機將蛋白打發，呈
　　白色泡沫狀後，將甜味劑分二至三次分別加入，繼續攪
　　打至綿密狀，最後將碗底放入3的熱水中浸一下馬上拿
　　出來，以增加泡沫的安定性。

5　將4的蛋白霜分三次加入2的奶油中攪拌至呈光滑狀。
　　攪拌過程中如遇油水分離，可將2再放進3的熱水中浸
　　一下攪拌即可，再加入蘭姆酒。

在馬芬表面塗上滑順的奶油醬，中間再抹
上一層酸酸甜甜的覆盆子果醬（→P.65）
就完成囉！奶油醬與果醬都不含砂糖！

 醣類3.8g　435kcal

butter cream

卡士達醬

與一般卡士達不同處在於不添加麵粉，只使用蛋黃與牛奶製成的低糖手工醬。記得在當天使用完畢喔！

材料（容易製作的分量）※蛋奶素

蛋 2個
甜味劑 1大匙
牛奶* 150ml
香草豆莢（或香草精） 少許

＊亦可將部分牛奶替換成鮮奶油。

1 將香草豆莢之外的材料倒入調理盆中攪拌。

2 以50℃至60℃的溫度隔水加熱，攪拌至呈黏稠狀，如果有香草豆莢，亦可將香草籽刮入調理盆中。

＊亦可將材料倒入另一個鍋子直接以中小火煮，但要特別留意火侯，以免卡士達醬結塊。

檸檬奶油醬

由新鮮檸檬汁製成的酸甜奶油醬。除了使用檸檬，亦可以橘子代替，同樣爽口美味。

材料（容易製作的分量）※蛋奶素

檸檬汁 150ml
蛋 2個
甜味劑 3大匙
奶油 20g

＊使用國產檸檬時，亦可加入磨成泥的檸檬皮。

1 將奶油之外的材料倒入調理盆中充分攪拌，最後再拌入奶油。

2 將1以50℃至60℃的溫度隔水加熱，一邊充分攪拌調理盆底的材料，一邊須留意不要讓材料燒焦。整體呈黏稠狀後熄火，裝入保存瓶中，因含有奶油，冷卻後會凝固。

＊將瓶子放進冰箱保存，並儘早使用完畢。

巧克力醬

將植物油加入巧克力中，就能簡單製成光滑的巧克力醬，可淋於甜點表面，或作為沾醬，可說是萬用巧克力醬。

材料（容易製作的分量）※純素

巧克力（76％可可） 100g
植物油 20g

＊不一定要使用點心專用的巧克力，本書中使用瑞士蓮的巧克力。亦可使用85％可可的巧克力製作。

1 將巧克力切碎，以50℃的溫度隔水加熱使其融化。

2 加入植物油攪拌，趁巧克力還溫熱時，淋在馬芬上。

＊巧克力醬冷卻後會凝固，以隔水加熱的方式即可恢復成原來的液狀。

cream & sauce

覆盆子果醬

以冷凍覆盆子製成的果醬，色澤較鮮豔。由於不添加砂糖的果醬保存期限較短，請儘早使用完畢，或放入冰箱冷藏。

材料（容易製作的分量）※純素

冷凍覆盆子　500g
甜味劑　約2大匙

1　將冷凍覆盆子以500W至600W的微波爐解凍兩分鐘。

2　解凍後的覆盆子移至調理盆內，先以小火煮至水分收乾，等到重量降至300g左右。最後加入甜味劑攪拌即可。

覆盆子醬

將鮮奶油拌入熬煮的覆盆子汁，就變身為卡哇伊的粉紅色抹醬。覆盆子汁可依個人喜好斟酌用量，讓覆盆子醬妝點成自己偏愛的粉紅色吧！

材料（容易製作的分量）※奶素

鮮奶油
（乳脂肪含量45%以上）　100ml
覆盆子果醬
（請參照左側內容）　適量

> **鮮奶油打發方式**
> 使用含動物性脂肪的鮮奶油來製作。將調理盆底浸在冰水中，同時將鮮奶油打發呈光滑狀。一般以打蛋器攪打35%乳脂肪的鮮奶油較花時間，因此建議使用攪拌機來打發。

1　以濾茶網濾覆盆子果醬（約2大匙）。

2　將裝有鮮奶油的調理盆底浸在冰水中，打發至稍微起泡後，加入1的覆盆子汁繼續攪打至呈自己喜歡的粉紅色。希望顏色更深時，可再加入覆盆子汁，但記得不要加入過多的水分，以免造成油水分離。

細說低醣

醣類食物攝取過量了嗎？

　　現代人的飲食常攝取過多的白飯或麵食等醣類食物，也許你認為「自己擁有健康的飲食生活，一定沒問題」但還是仔細檢視一下自己的飲食吧！例如，早上吃土司配果醬，中午吃義大利麵，飯後來杯含糖咖啡與甜點，下午點心時間吃和菓子，晚上吃白飯配馬鈴薯燉肉和南瓜煮物，去健身房運動，一邊流汗一邊喝含糖運動飲料……這樣的生活健康嗎？其實，一碗白飯（150g）含55g的醣量，相當於13顆方糖所含的醣量（砂糖100％為醣類）。對於罹患糖尿病而被限制醣類攝取量的人來說，光是吃白飯就超過每餐醣類限制的20g，其他什麼東西也別想吃了。就算目前身體健康，但若平時醣類攝取過量，也容易導致肥胖，進而引起生活習慣病等慢性疾病，生活習慣或糖尿病的潛在患者也因此逐年增多。想要瘦身，或想改變高醣飲食習慣的人，平時應注意控制醣類的攝取，就從體內減重作起吧！

低醣瘦身原理

　　我們在攝取食物後，經過消化吸收，身體會將醣類轉換成葡萄糖。血液中的葡萄糖濃度稱為血糖值。在三大營養素──蛋白質、脂肪及醣類（碳水化合物去除纖維質後的成分）當中，只有醣類會使血糖升高。蛋白質及脂肪並不會使血糖升高。

　　血糖一升高，胰臟就會分泌胰島素來降低血糖，將葡萄糖轉為能量，儲存於肌肉與肝臟。胰臟平時就會不斷分泌少量胰島素，當醣類攝取過量導致血糖異常升高時，胰臟會分泌更多的胰島素。問題是，肌肉或肝臟能儲存的葡萄糖有限，過多的胰島素反而會將無法儲存的葡萄糖轉為中性脂肪。只要胰臟不再分泌過多的胰島素，體內脂肪就能正常地燃燒成能量。這就是為什麼攝取過量醣類會引起肥胖的原因了。

　　血糖上升，也會傷及血管，引起糖尿病或生活習慣病等各種病症。除了對抗肥胖之外，為了身體健康，還是不要攝取過量的醣類喔！

蛋白質也是瘦身的重要關鍵

　　大家都知道運動會消耗能量，其實食物的消化吸收也需要消耗能量。一般食物的消化吸收所需能量為醣類6％、脂肪4％、蛋白質30％。也就是說攝取100g的蛋白質，就會消耗30kcal的熱量。蛋白質攝取越多，消耗的能量也雖之增多，因此不易肥胖。相反地，若是因減肥而不攝取蛋白質，會使肌肉耐力降低，新陳代謝也隨之變差，反而不易變瘦。因此，每天攝取含有優質蛋白質的食品是瘦身的一大關鍵。本書中介紹的豆渣馬芬雖是點心卻含豐富蛋白質唷（→P.9）！

擔心奶油或起司所含的脂肪嗎？

　　點心使用的奶油或起司非低卡，擔心它們導致肥胖嗎？再強調一次，脂肪不會使血糖升高，只要不攝取過多卡路里並不會造成肥胖。此外，像馬芬這類由粉類製成的點心，須加入油脂以保持綿密口感。使用油脂類時，最須留意的就是使用品質有保障的動物性油脂，盡量不要使用植物性油脂或沙拉油。我們往往會認為植物奶油、起酥油或沙拉油較為健康，而避開奶油。其實，植物奶油或起酥油含反式脂肪酸對健康有害，容易增加罹患過敏性疾病或動脈硬化的風險，因此有少數國家嚴格管制這類植物性油脂的用量。另外，紅花油或大豆油等所謂的沙拉油含有大量亞油酸。沙拉油若與魚油的攝取比例不平衡，恐怕容易引起過敏性疾病。因此，請選用食用安心的動物性奶油、起司或鮮奶油（購買時須注意不要買到植物性鮮奶油）。雖說可以不用擔心豆渣馬芬所含的脂肪，但油脂的用量或馬芬的食用量切記不要過量。即使是低醣的豆渣馬芬，若吃太多，醣量、卡路里也會飆高，這樣就無法達到瘦身效果了。

斟酌水果的用量

　　水果其實是要特別留意的多醣食材。尤其要特別留意香蕉，因香蕉含醣量高，容易使血糖升高。一般水果富含的果糖不易使血糖升高，但易轉化為中性脂肪。即使如此，還是忍不

住以當令水果來裝飾或拌入點心，增添製作的樂趣。水果依產地或種類不同，擁有各式各樣的甜味。不妨確認水果的味道後，斟酌用量！另外，經過乾燥處理的水果乾，用量增加醣類會隨之增多，因此也要控制用量。

可以加入全麥粉或黑糖嗎？

大家說不定會認為加入全麥粉或黑糖也能吃得很健康。其實，全麥粉或黑糖的含醣量和原本使用的材料差不多。黑糖、三溫糖或黃砂糖等，有顏色的砂糖的含醣量也和甜味劑差不多。平時不須控制血糖，但想減少醣類攝取量的讀者，不妨靈活搭配這些未精製的粉類或砂糖來製作點心，以取代低醣粉類或甜味劑的使用。

豆渣馬芬主要材料的醣量＆熱量

豆渣馬芬的主要材料	用量（g）	醣量（g）	熱量（kcal）
豆渣粉*	50	1.3	228
生豆渣（新製法・乾燥前）**	80	1.8	89
烘焙用杏仁粉	50	4.6	299
奶油（無鹽奶油）	50	0.1	382
奶油乳酪	50	1.1	173
蛋（3個）	165	0.5	249
小麥蛋白（1大匙）	9	0.8	39
泡打粉（1½小匙）	6	1.7	8
檸檬汁（少許）	3	0.3	1
豆漿（無調整）	50	1.5	23
鮮奶油（動物性）	50	1.6	217
牛奶	50	2.5	35

各種材料的用量相當於6個原味馬芬所需的分量。
醣量是以碳水化合物的重量減去總纖質的方式計算出來的。

＊使用「株式會社千代の一番」販賣的「雪花菜きぬ」時的數據。
＊豆渣的製作方式有兩種，一種是水分含量多的傳統製法，另一種是水分含量少的新製法。
　採用傳統製法的豆渣每100g的含醣量為0g。

烘焙材料含醣量多寡

含醣量少的食品若使用過多，醣類也會升高。
請參考以下分類，依個人喜好斟酌用量。

低醣食品

豆渣、豆漿（無調整）、蛋／起司、鮮奶油、奶油、橄欖油／烘焙用杏仁粉、杏仁、核桃、松子等堅果類、芝麻／酪梨、櫛瓜、橄欖／咖啡、紅茶（皆無糖）、蘭姆酒、白蘭地、威士忌

斟酌使用的食品

牛奶、優格（原味）／新鮮水果、水果乾／南瓜、胡蘿蔔、番茄、栗子／煮過的紅豆（無糖）、黃豆粉／火腿、香腸、培根／白味噌、酒粕、葛粉、玉米粉／蜂蜜、楓糖漿／巧克力／白·紅葡萄酒

高醣食品

麵粉、糯米、各種穀類／細砂糖、上白糖、三溫糖、黃砂糖、黑糖、和三盆糖／煮過的紅豆（加糖）、紅豆餡／香蕉／玉米、地瓜／麵包類、玉米片、燕麥片／水果（糖漬）、果醬（加糖），100%果汁、冰淇淋／豆漿（調整）、清涼飲料、梅酒、香甜酒

營養專家　大柳珠美

常用的烘焙器具

以下介紹方便好用的馬芬烘焙器具。

馬芬烤模

有各種尺寸與材質的馬芬烤模可供選擇。耐熱矽膠模不須塗上奶油,脫模也很容易,相當方便,不過我本身用的是金屬製烤模(氟樹脂加工),可使馬芬側面烤出漂亮的顏色。尤其我相當中意這一款烤模,不僅一次可以烤六個,而且放進烤箱一點也不費工夫。尺寸約19cm×28cm。一格直徑約7cm×高3cm。

使用馬芬紙模時,別忘了也在烤模上塗上一層薄薄的奶油喔!

馬芬紙模(glassine)

由於耐熱性佳,可以將麵糊直接舀進紙模內烘烤,也可用紙模盛裝烤好的馬芬。使用方式可直接將紙模鋪在烤模內,不過我習慣先在烤模塗上一層薄薄的奶油之後,再鋪上紙模,使烤好的馬芬更容易脫模。馬芬紙模有各種尺寸,顏色除了素面,還有圖案印花等樣式,有多樣選擇。

電子秤

電子秤是計算點心材料重量時的必備品。尤其以這一台秤混合在一起的材料時,不需一樣一樣分開秤,只要每秤完一項按一次歸零按鈕,就可以繼續秤下一項要加入的材料,非常方便實用。本書中也採用這種方式逐一將各種粉類加進袋子裡秤重。此外,最小刻度至0.1g,輕量或微量的食品皆可使用。

方便&實用!

矽膠小湯匙

這是我愛用的矽膠湯匙,用它將豆渣糊分裝進烤模時相當方便。不僅能像橡皮刮刀般攪拌豆渣糊,外型細長小巧,也能刮取邊角的豆渣糊。耐熱溫度200℃,因此熬煮果醬時也派得上用場!

豆渣粉‧小麥蛋白‧甜味劑

低醣豆渣馬芬是由以下材料所製成。

這些材料都可以在大型超市、烘焙材料行或網路商店購得。

1　　　　　2　　　　　3　　　　　4

豆渣粉（乾燥處理的豆渣）

生豆渣經乾燥處理製成粉狀。依廠牌不同，顆粒大小略有差異。只要加水就能取代生豆渣，製作日式煮物等料理時，皆可使用。

5

小麥蛋白

麵粉遇水攪拌過後會產生黏性，這個黏性物質稱麵筋蛋白，是從小麥等穀物中形成的一種蛋白質，將麵筋蛋白從麵粉中提取出，製成粉末就成為小麥蛋白。有日本產與他國產。一般也作為麵包膨脹劑或用在米麵包（不含麵筋蛋白）的製作過程中。順便一提，麩是由麵筋蛋白製成的。

6　　　　　7　　　　　8

甜味劑

主要成分來自於水果等天然食材中的甜味成分——赤藻糖醇。赤藻糖醇為非合成甜味劑，含醣但不會使血糖升高，控制醣類攝取量的人可用它來取代砂糖。依廠牌不同，赤藻糖醇的原料與添加物不盡相同，用量也不同。其中要特別留意濃縮型（甜度約為砂糖的3倍）的用量。蛋白霜適合用顆粒狀；果醬、奶油則適合使用液狀，較容易拌勻。

＊以下為日文商品名及廠牌名稱
1 雪花菜きぬ（千代の一番）
2 お豆腐屋さんのおからの粉（Misuzu Corporation）　**3** おからパウダー（Satonoyuki）
4 おからパウダー（Cuoca Planning）　**5** グルテンパウダー（Pioneer Planning）　**6** シュガーカットゼロ（淺田飴），主要成分為赤藻糖醇與微量的蔗糖素（合成甜味劑），用量是砂糖的1/3，零卡路里。　**7** パルスイート（味之素），主要成分為赤藻糖醇、少量的阿斯巴甜與乙醯磺胺酸鉀（合成甜味劑），用量是砂糖的1/3，卡路里有分砂糖10%與零卡路里兩種。　**8** ラカントS（Saraya），主要成分為赤藻糖醇與羅漢果萃取物（羅漢果為瓜類植物），不使用合成甜味劑，用量同砂糖，零卡路里。

烘焙良品 46

享瘦甜食！
砂糖OFFの豆渣馬芬蛋糕

作　　者／粟辻早重
監　　修／大柳珠美
譯　　者／鄭昀育
發 行 人／詹慶和
總 編 輯／蔡麗玲
執行編輯／李佳穎
特約編輯／李盈儀
編　　輯／蔡毓玲・劉蕙寧・黃璟安・陳姿伶・白宜平
封面設計／陳麗娜
美術編輯／周盈汝・翟秀美
內頁排版／造　極
出 版 者／良品文化館
郵政劃撥帳號／18225950
戶名／雅書堂文化事業有限公司
地址／220新北市板橋區板新路206號3樓
電子信箱／elegant.books@msa.hinet.net
電話／(02)8952-4078
傳真／(02)8952-4084

2015年8月初版一刷　定價 280元

總經銷／朝日文化事業有限公司
進退貨地址／235新北市中和區橋安街15巷1號7樓
電話／（02）2249-7714　　傳真／（02）2249-8715

國家圖書館出版品預行編目(CIP)資料

享瘦甜食！砂糖OFFの豆渣馬芬蛋糕 / 粟辻早重 著；
大柳珠美 監修；鄭昀育 譯.
-- 初版. -- 新北市：良品文化館出版：雅書堂文化發行,
2015.08
　面；　公分. -- (烘焙良品；46)
　ISBN 978-986-5724-43-6 (平裝)
1.點心食譜
427.16　　　　　　　　　　　　　　104010538

STAFF

發行人／大沼淳
書籍設計／粟辻デザイン
攝影／原田真理
造型／宮下肇子
校閱／小野里美
編輯／大森真理
　　　弘田美紀
　　　（文化出版局）

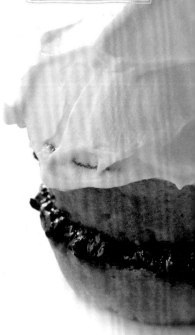

butter cream

40種和果子內餡的精緻甜點筆記

果乾椰奶求肥

椰奶求肥

和風新食感
超人氣白色馬卡龍
向谷地馨◎著
定價：280元

核桃醬油求肥

黃柚醬油求肥